BANQUET TYPOGRAPHIQUE

DU 16 SEPTEMBRE 1849.

COMPTE - RENDU.

La Typographie a tenu la promesse qu'elle a faite l'année dernière.

Le Banquet du 16 septembre 1849 l'a vue aussi cordialement unie et plus fortement attachée que jamais au principe républicain.

Et pourtant, à l'époque où nous vivons, une réunion du genre de la nôtre n'était pas sans difficulté : nous avions tout à la fois à subir les conditions du pouvoir, appuyé sur une loi de circonstance qui interdit le droit sacré de réunion, garanti par la Constitution, et à tenir compte des dures nécessités d'un chômage long et pénible qui s'est abattu sur l'Imprimerie, à la suite des suspensions de journaux et du sac de plusieurs imprimeries.

Un mot d'abord à nos confrères dont l'interdiction de parler politique a causé l'absence.

Nos Banquets annuels ont été institués pour célébrer l'adoption du Tarif, rédigé et adopté en commun par les Maîtres Imprimeurs et les Ouvriers Compositeurs.

Tel a toujours été le but de ces réunions.

La Commission du Banquet, en recevant l'autorisation qu'elle avait demandée, a examiné si elle pouvait user de cette permission sans blesser la dignité de la Typographie qu'elle représentait. Après avoir constaté que, dans cette autorisation, le gouvernement reconnaissait officiellement notre Tarif, l'objet de la réunion, elle a cru devoir faire le sacrifice de ses aspirations politiques aux circonstances malheureuses dans lesquelles nous nous trouvons.

Tout le monde aujourd'hui est bien convaincu de ce que nous voulons. Le Banquet de l'année dernière a suffisamment fait éclater les sentiments républicains de la Typographie, ses généreuses aspirations vers un avenir meilleur, ses vœux et même ses travaux pour que le travail ne soit plus la proie du capital. — Le Banquet de cette année prouvera certainement qu'elle n'a pas dégénéré.

Voilà ce qu'auraient dû considérer nos confrères qui nous ont fait regretter leur absence.

Et, maintenant, au nom de quel principe nous a-t-on imposé cette condition de ne pas parler politique dans notre Banquet?

Est-ce au nom de l'ordre, dont abusent si cruellement ceux qui ont toujours ce mot sur les lèvres, et jamais le principe au fond du cœur?

Eh bien! que l'on prenne nos Comptes-Rendus des années précédentes, et l'on verra si l'ordre et la tranquilité ont été une seule fois troublés à la suite de nos réunions; les agents du pouvoir qui assistaient à ces réunions ont toujours,—comme cette fois encore,—rendu justice à l'esprit d'ordre qui a régné parmi nous, même dans les moments où l'enthousiasme était exalté au plus haut point.

D'un autre côté, en nous plaçant au point de vue matériel, qui, plus que nous,—artisans de la pensée,—a intérêt à ce que l'ordre et la tranquillité règnent dans le monde? N'est-ce pas dans le silence et dans le recueillement que s'élaborent les travaux et que prennent naissance les idées des savants et des littérateurs à qui notre art donne ensuite un corps pour éclairer l'intelligence humaine après nous avoir procuré le pain quotidien pour nous et nos familles?

Si, à une autre époque, une police ombrageuse nous empêchait de nous réunir dans des Banquets institués pour fêter le Tarif; si, plus tard, elle nous faisait chasser et traquer comme des bêtes fauves; si, aujourd'hui encore, on nous interdit de parler politique dans nos réunions, c'est que notre art porte avec lui la lumière et la vérité.

Notre art,—ainsi que l'a dit, dans son toast, le citoyen Pierre Leroux,—est né comme le Christ, dans la misère et la persécution; il a poursuivi sa route à travers les siècles en rendant le bien pour le mal à ceux qui le persécutaient.

Typographes, continuons donc l'œuvre de nos pères: tant que nous n'aurons pas procuré à l'humanité la liberté de la pensée par la liberté de l'Imprimerie, il nous restera quelque chose à faire pour mériter le titre glorieux de *tête de colonne* que nous a donné notre confrère Martin Bernard, dont l'exil a causé l'absence cette année.

Malheureusement ce n'est pas la seule absence que l'exil ou la prison nous aient fait regretter: — Louis Blanc, Proudhon, Vasbenter et Duchêne, n'ont pu répondre à notre appel que «par une froide missive,» bien précieuse à nos cœurs, pourtant, et que nous insérons dans ce Compte-Rendu dans l'ordre où la lecture en a été faite.

Quant à la lettre de notre ami Proudhon, si énergique et si belle, nous avons pensé répondre dignement aux bravos qui l'ont accueillie en l'offrant autographiée à chaque convive.

Le congé de l'Assemblée législative nous a également privés de la présence, et sans doute de la parole de nos confrères et amis Pelletier et Doutre, que nous aurions accueillis comme représentants de notre vieille amie la Typographie lyonnaise, qui a si souvent donné des marques de sympathie à la Typographie parisienne.

Nous avons reçu, heureusement assez tôt pour l'imprimer, le toast suivant de notre ex-confrère et ami Auguste Mie, Représentant du Peuple et ancien imprimeur du journal *la Tribune*. Plus que lui, nous regrettons profondément qu'une fâcheuse erreur de date l'ait empêché de profiter de notre invitation; nous eussions été heureux d'avoir au milieu de nous ce typographe courageux qui, mettant les principes éternels de justice et de droit au-dessus des intérêts privés, se vit arbitrairement dépouillé de son brevet d'Imprimeur, — *sa propriété,* — par le gouvernement *honnête* et *conservateur* qui a été renversé le 24 février.

Au Respect de la Propriété!!!

En portant un toast au respect de la propriété, je ne fais, Citoyens, qu'obéir à un sentiment populaire qui, à dix-huit ans de distance, lors de nos deux immortelles RÉVOLTES de Juillet 1830 et de Février 1848, s'exprima en deux fois par ces mots : MORT AUX VOLEURS!!!

Répétons-le sans cesse, afin que ce ne soit pas oublié, afin que la vérité ne soit jamais obscurcie par la mensongère calomnie de nos adversaires; avant tout et par-dessus tout, le Peuple travailleur, le Peuple ouvrier, demande et veut l'ordre par la liberté et la liberté par l'ordre. Or, il ne saurait y avoir ni ordre ni liberté sans le respect de chacun envers son frère, sans le respect pour ce qui constitue la vie morale de chaque homme : la famille et la propriété.

Mais, Citoyens, n'y a-t-il pas deux manières de porter atteinte à la propriété? et ne sont-ils pas des fauteurs d'anarchie, des débauchés de la cause de l'ordre, ces conservateurs de nouvelle espèce qui, violant le sanctuaire d'où Juillet l'a poussée, livrent les imprimeries au pillage?

Ne portent-ils pas atteinte à la plus sacrée des propriétés, à celle que j'appellerai divine, ces ministres qui, se réfugiant dans l'arbitraire de l'état de siége, suspendent les journaux, émanation et propriété de l'intelligence, et, dans leur haine de toute liberté, associent l'art mécanique à la pensée elle-même, le frappent d'interdit par d'odieux scellés, par l'incarcération, souvent préventive, des chefs d'atelier et des ouvriers?

Oui, Citoyens, portons un toast sérieux au respect de la propriété, c'est-à-dire au respect pour tous les droits reconquis par nos pères et par nous; car ces droits sont une propriété qui vient de Dieu, propriété consacrée par le sang des martyrs de la cause démocratique.

Portons un toast sérieux au respect de la propriété, c'est-à-dire un toast à la liberté de la pensée et à son expansion par la Presse libre de toute entrave.

Portons un toast sérieux au respect de la propriété, c'est-à-dire au droit absolu de tout homme aux éléments, aux moyens, aux instruments de travail; propriété dont la société est redevable envers tous et envers chacun.

Portons un toast sérieux au respect de la propriété, c'est-à-dire à la distribution régulière des charges sociales comme des bénéfices sociaux.

Portons un toast sérieux au respect de la propriété, c'est-à-dire à la venue des lois qui sauvegarderont tous les intérêts, tous les besoins généraux et individuels.

Portons un toast sérieux au respect de la propriété, c'est-à-dire :

A la vraie République démocratique et réformiste!!!

Nous regrettons doublement l'absence du citoyen Auguste Mie : sa présence et son discours eussent été une nouvelle protestation contre des faits récents — dont nos familles souffrent encore, — qui nous ont rappelé les plus mauvais jours de la monarchie, et dont les criminels auteurs, malgré une promesse solennelle, restent cependant impunis....

Notre confrère Jules Leroux, absent aussi par suite du congé de l'Assemblée législative, n'a pu se rendre à notre invitation; notre ami Pierre Leroux est donc le seul de nos invités qui ait pu venir s'asseoir à la table réservée aux Délégués des Corporations étrangères à la Typographie et à notre Comité.

Au milieu de cette table se trouvait un fauteuil vide, pour marquer la place de nos amis absents.

Le toast chaleureux et énergique de Pierre Leroux : *A Gutenberg le* FAILLI! *à la Typographie martyre!* a excité le plus grand enthousiasme parmi les convives, et a été souvent interrompu par de nombreux applaudissements accordés autant au caractère de l'honnête homme qu'au talent de l'orateur.

Nos confrères de Bruxelles, auxquels, selon l'usage, notre Comité avait adressé une fraternelle invitation, nous ont répondu par une lettre sympathique qui a été accueillie par de vifs applaudissements lorsque le président de la Commission en a donné lecture. Nous la reproduisons dans l'ordre où elle a été lue.

La Commission avait confié l'ordonnance de la fête au citoyen Désiré, ordonnateur des fêtes de la salle Sainte-Cécile, à qui nous sommes redevables de l'orchestration du chant de la *Fraternité*, dont un orchestre nombreux a salué les 500 convives à leur entrée dans l'immense rotonde du magnifique jardin du Chalet des Champs-Elysées ; chacune des colonnes de cette rotonde était décorée de trophées de drapeaux tricolores, au-dessous desquels étaient placés les noms des Typographes illustres ou des Ouvriers dont le dévouement modeste mérite notre reconnaissance.

Le drapeau de la Typographie ombrageait le bureau du président, au-dessus duquel le mot TARIF se lisait au milieu d'un triangle environné de la sainte devise républicaine : — Liberté, Égalité, Fraternité.

Les inscriptions dont nous avons donné le détail l'année dernière, complétaient l'ornement du bureau.

A midi un quart, le citoyen GERDÈS, Maître Imprimeur, qui a bien voulu accepter encore cette année la présidence du Banquet, assisté des citoyens J. Mairet et Bosson, membres de la Commission organisatrice, a ouvert la séance en portant un toast aux convives invités. Trois salves d'applaudissements, suivies d'un immense cri de *vive la République !* accueillirent cette santé. L'orchestre répondit à ces applaudissements par l'air magique de la *Marseillaise;* puis le président a donné la parole aux auteurs des toasts dans l'ordre suivant :

Le citoyen BOSSON, secrétaire de la Commission du Banquet :

CITOYENS,

L'époque du septième anniversaire de la mise à exécution du Tarif étant près d'arriver, votre Comité fit un appel dans toutes les maisons pour envoyer des délégués chargés de nommer parmi eux la Commission du Banquet.

En présence du vote de l'Assemblée législative qui suspend le droit de réunion pendant un an, votre Commission dut adresser à la Préfecture de police une demande d'autorisation.

Quelques jours après, la permission était accordée verbalement à deux membres de la Commission. En outre, votre président recevait une lettre ainsi conçue :

POLICE JUDICIAIRE
ET
administrative
DE LA VILLE DE PARIS

Paris, le 5 septembre 1849.

Quartier
DU ROULE.

Le Commissaire de Police de la Ville de Paris, spécialement pour le Quartier du Roule, Chevalier de l'Ordre de la Légion d'Honneur,

N°

A MONSIEUR GERDÈS, IMPRIMEUR.

Monsieur, par sa lettre en date du 4 du courant, M. le Préfet de police me charge de répondre à la demande que vous lui avez adressée, qu'il consent à autoriser la fête que vous proposez, le 16 de ce mois, au Chalet des Champs-Élysées, pour la célébration, par les Maîtres et Ouvriers Typographes, du 7ᵉ anniversaire de la mise à exécution du Tarif.

Cette fête sera considérée comme étant exclusivement de famille, et elle n'est autorisée qu'à la condition expresse qu'il n'y sera prononcé *aucun discours politique*.

Recevez, Monsieur, l'assurance de ma parfaite considération,

BRUZELIN.

Cette lettre est la reproduction exacte de ce qui nous avait été dit au secrétariat général de la Préfecture.

Votre Commission avait donc une nouvelle sanction pour ce qui fait l'objet de cette réunion ; mais il y avait une restriction à ce qui se dirait dans ce banquet.

Nous avons dû en tenir compte.

Votre Commission a invité à cette fête de famille les citoyens Doutre, Pierre et Jules Leroux, Pelletier et Auguste Mie, enfants de la Typographie qui ont reçu le mandat de Représentants du Peuple.

Le philosophe profond que l'Europe, et en particulier l'Allemagne, nous envie, le citoyen Pierre Leroux, a pu seul se rendre à notre invitation. C'est avec bonheur que nous vous annonçons sa présence au milieu de nous.

Votre Commission a pensé aux confrères que le malheur a frappés. La Typographie n'est pas oublieuse ; elle sait pratiquer la fraternité dans la douleur et regrette vivement de ne pas voir à cette fête les citoyens Louis Blanc, Martin Bernard, Georges Duchêne, P.-J. Proudhon, Vasbenter et autres, que l'exil ou la prison retiennent.

Cette fête resserrera davantage les liens qui nous unissent. Par le nombre des convives, la dignité et l'esprit qui animent cette réunion, la Typographie comptera un beau jour de plus qui sera fécond en heureux résultats.

Nous devons remercier nos frères des autres Corporations de l'empressement qu'ils ont mis à envoyer des Délégués à notre fête de famille.

Citoyens, votre Commission vous propose de porter un toast aux institutions que la France s'est donnés.

A la République!...

Le citoyen SIMON (Eugène-Alfred), sous-secrétaire du Comité typographique :

AU TARIF!

A SA LOYALE EXÉCUTION PAR LES PATRONS ET LES OUVRIERS!

CITOYENS,

Le Comité est heureux de voir la Typographie célébrer le septième anniversaire de la mise à exécution du Tarif, consenti par les Patrons et les Ouvriers.

Persévérons dans l'observation scrupuleuse du Tarif, qui a fait et fera toujours notre force !

C'est surtout dans l'interprétation sincère des articles douteux que les Ouvriers ont montré toute la droiture et la justesse de leurs réclamations, toujours résolues en leur faveur par la Conférence mixte, ce tribunal égalitaire, le seul vraiment compétent.

Cette fête de famille, Citoyens, nous en sommes certains, resserrera encore davantage les liens qui unissent les Patrons et les Ouvriers.

Il n'y a pas deux intérêts dans la Typographie. Quoiqu'à des titres divers, Patrons et Ouvriers, nous n'en sommes pas moins des Travailleurs !

Nous n'avons qu'un seul but, l'union, la solidarisation, qui ne peuvent s'obtenir qu'à la condition d'observer religieusement la parole donnée et reçue de part et d'autre pour l'acceptation de notre pacte.

Cimentons de nouveau cette union à laquelle est attaché l'avenir de la Typographie, et, du fond du cœur, répétez unanimement avec nous ce toast :

AU TARIF !

A sa loyale exécution par les patrons et les ouvriers !

———————

Le citoyen CORNILLON-SAVARY, président du Comité typographique :

Au Dévouement !

A LA PERSISTANCE DANS LE DÉVOUEMENT.

A chacun de nos Banquets, des toasts nombreux ont été portés à l'*union*, à la *solidarité*, à l'*émancipation des travailleurs* : plaidoyers chaleureux, inspirés par un amour ardent de l'humanité, par une connaissance vraie des maux qui l'affligent ; programmes magnifiques, toujours accueillis par des applaudissements unanimes et prolongés.

Que de douces et légitimes espérances devaient naître dans les cœurs au sortir de nos fêtes !

Ne devait-on pas croire alors que tous, animés du même esprit, possédés d'un même désir, régénérés par cette communion trois fois sainte de la pensée, nous allions marcher d'un pas ferme et assuré dans les voies fécondes ouvertes devant nous, sans nous inquiéter des inévitables obstacles qui ne pouvaient manquer de se rencontrer sur la route ?

Oui, Citoyens, cette conviction était dans tous les cœurs, car chacune des acclamations, chacun des applaudissements qui accueillirent ces toasts, furent autant d'engagements solennels pris par nous et auxquels nous ne pouvions manquer sans déchoir aux yeux de nos frères des autres Corporations, et, plus encore, à nos propres yeux ; — manquer à ces engagements, c'était perdre pour toujours le titre glorieux qui nous fut donné, lors du dernier banquet, par notre ex-confrère, notre ami, Martin Bernard.

Intelligence oblige !... au siècle où nous vivons.....

Avons-nous rempli ces engagements sacrés ?...

Avons-nous réalisé toutes les promesses et tous les vœux faits en notre nom et que nous avons applaudis avec tant d'enthousiasme et de généreuse spontanéité ?

Qu'il nous soit permis de vous le dire, moins pour formuler un dur reproche que pour exprimer un douloureux regret : — Non, non ; nous n'avons pas tenu nos promesses !... non, nous n'avons pas toujours rempli nos engagements !...

D'ailleurs, eussions-nous fait plus, ils ne le seraient pas encore dès qu'il reste quelque chose à faire.

Est-ce à dire que ce soit par un effet calculé de notre volonté que nous avons en quelque sorte failli à la glorieuse mission qui nous était dévolue ? Non, Citoyens, telle n'est pas notre pensée; car l'égoïsme et la pusillanimité de quelques-uns ne sauraient prévaloir contre la bonne volonté, contre le dévouement de tous....

Qu'est-ce donc ?

Ce qui nous a manqué pour accomplir et parfaire notre œuvre commencée, c'est la connaissance du principe éternel, invariable, qui concourt au développement et à la formation des choses et des mondes dans la nature : la loi de *persistance*.

Oui, Citoyens, c'est là ce qui nous a manqué : la *persistance* dans le dévouement !

La *persistance*, complément indispensable du dévouement raisonné, qualité précieuse qui donne la force et les moyens d'accomplir de grandes et de nobles choses, qui seule, enfin, constitue le dévouement véritable, le dévouement absolu !

Jusqu'ici, reconnaissons-le, nous avons été plus enthousiastes que dévoués...

Cependant, nous devons le reconnaître aussi, des tentatives ont été faites, et quelquefois nos efforts ont été couronnés par le succès. Oui, c'est avec bonheur que votre Comité le constate, vous n'avez pas fait toujours défaut, lorsque des appels pressants ont été faits à votre intelligence ou à votre cœur.

Maintenant, Citoyens, notre tâche est devenue plus facile ; des jalons sont posés sur la route que nous devons suivre, mais, nous ne saurions trop vous le répéter, suivre avec *persistance*.

Le préambule du Règlement adopté par vous ouvre un vaste champ à toutes les aspirations généreuses vers le *bien*, vers le *mieux*.

A l'œuvre donc !...

Que tous vos efforts se tournent de ce côté... que les appels à l'*union*, à la *solidarité*, à l'*émancipation*, ne soient plus lettre morte... que vos cœurs se rencontrent et se confondent dans une même pensée... que vos paroles encouragent les timides, décident les incrédules.... que vos bras soutiennent les faibles et que vos mains s'unissent enfin pour maintenir l'édifice qui s'élève assis sur des bases plus larges, et partant plus dignes de vous.

Frères, serrons-nous tous autour du drapeau de la Typographie !... qu'il soit désormais le palladium de notre grande famille, dont la Société Typographique doit être la tête et le cœur !

. Serrons nos rangs ! Marchons comme une phalange sacrée de disciples, ou de martyrs s'il le faut, et passons les premiers, du terrain mouvant des théories, sur le roc inébranlable de la pratique !...

Prenons date aujourd'hui ; que ce soit pour nous le commencement d'une existence nouvelle, et qu'à pareille époque, dans un an, les Travailleurs, les parias, les deshérités nos frères, reconnaissent que ce toast n'a point été vainement porté par les Représentants de la Typographie parisienne :

AU DÉVOUEMENT!

MAIS SURTOUT :

A la persistance dans le dévouement!

Le citoyen Pierre LEROUX, Représentant du Peuple :

CITOYENS,

Malgré le plaisir que m'a causé la fraternelle invitation de vos Commissaires, j'ai hésité, je vous l'avoue, à venir m'asseoir à votre Banquet.

Les déclarations que vous avez entendues tout-à-l'heure, l'obligation imposée par le pouvoir *de ne point parler politique dans cette réunion*, expliquent suffisamment mon hésitation.

Des lois que je ne veux point qualifier interdisent pendant un an la liberté de réunion. Une autorisation est devenue nécessaire pour exercer un droit que la Constitution, d'accord avec la raison, reconnaît pour supérieur et antérieur aux lois écrites, et qu'elle garantit en même temps d'une façon positive, comme une des faces mêmes et un des aspects les plus fondamentaux de la Souveraineté dans une République.

Me convenait-il, à cause du caractère que les suffrages du Peuple m'ont donné par deux fois, convenait-il à un Représentant ami et défenseur des principes, de paraître dans une réunion frappée d'une sorte de stigmate, et à la porte de laquelle serait écrite, *de par la loi*, la prohibition d'une loi naturelle ?

Le respect des lois est sans doute la condition vitale de toute société ; mais il est des lois telles qu'on ne doit les respecter qu'en protestant sans relâche contre elles, et en ne faisant aucun usage des restes de liberté qu'elles laissent aux citoyens, soit comme un leurre, soit en dérision.

Je me demandais, en outre, si, au temps où nous vivons, une réunion un peu nombreuse n'a pas toujours un caractère politique. Pouvons-nous, en effet, scinder notre âme dans nos discours, et mutiler l'homme en nous, au point de n'être plus ici des citoyens, mais seulement des Typographes ? Pour moi, je veux, dans mes discours comme dans mes écrits, n'exprimer jamais que de pures inspirations de la conscience. La parole, quoi qu'en ait dit un des docteurs modernes de l'école du mensonge, n'a pas été donnée à l'homme pour déguiser sa pensée.

Mais j'ai réfléchi que, sentant tous là-dessus comme moi, vous aviez pourtant résolu que le Banquet annuel de la Typographie aurait lieu, que l'autorisation serait demandée, que vous souscririez aux conditions qui vous seraient faites, et que vous n'aviez pu vous décider ainsi sans de sages motifs. Je suis donc venu partager avec vous les dures conditions que nous fait le malheur des temps. On ne s'étonnera pas d'ailleurs de me voir ici, moi vieux Typographe, dont la vie s'est passée et se passe dans votre profession, qui est non-seulement la mienne, mais celle de ma famille, de mes frères, de mes enfans.

Cependant, invité à prendre la parole, puis-je même exprimer le contentement que l'on éprouve dans une réunion telle que celle-ci, où règne l'Egalité, et par conséquent la Liberté et la Fraternité (car ces trois divines sœurs ne vont jamais, comme les Grâces antiques, les unes sans les autres); puis-je exprimer ce bonheur sans contrevenir quelque peu à la défense de *parler politique*? Ah! ceux qui nous ont fait cette défense, peu sage à mon avis, ne savent pas ce que c'est que la politique. Qu'ils apprennent que la vraie politique a pour fondement le sentiment qui nous unit ici, ce sentiment électrique (si on peut appeler ce mot au moral) qui passe d'un cœur dans un autre, qui fait vivre et sentir en commun, et qui, d'âge en âge, de ville en ville, de pays en pays, faisant monter sans cesse le niveau de la sociabilité humaine, détruisant les barrières, abolissant les castes, renversant les inégalités de toutes sortes, agglomère de plus en plus l'espèce humaine, pour la ramener à sa source, qui est en même temps sa fin et son but, l'unité.

Citoyens, puisque nous retrouvons la faculté d'être ensemble, nous qui avons déjà un fonds commun d'idées et de sentiments, soyez-en certains, ne dussions-nous parler ici, cette année, que de la pluie et du beau temps, nous parlerions politique.

Quel *toast* (pour employer le terme anglais) vais-je vous proposer? Il nous faut pourtant des *santés*, puisque nous sommes à un banquet!

Je pense aux absents présents à notre mémoire, à ceux de nos amis typographes qui étaient déjà frappés d'ostracisme l'an dernier, quand, à pareille fête, nous laissions pour eux des places vides; à ceux aussi qui sont allés les rejoindre, condamnés ou à la veille de l'être. Ah! si j'allais prendre le motif de mon toast dans ce qui s'est passé depuis un an, soit en France, soit dans le reste de l'Europe!... Dieu m'en garde! on dirait que nous enfreignons les traités, que nous manquons aux conventions, que nous *parlons politique*.

Cherchons dans le passé, puisque le présent nous est interdit. Je vous propose, chers Compagnons, un toast en l'honneur des *pères de la Typographie*. Rien de plus convenable à la circonstance, ce me semble, et de plus innocent à la fois.

A Gutenberg donc, à Gutenberg le premier!

Mais le Gutenberg que je vous demande de glorifier, ce n'est pas celui qui voit plusieurs villes se disputer l'honneur de lui avoir donné naissance; la France et l'Allemagne, Strasbourg et Mayence lui élever des statues; le ciseau de David et le ciseau de Thorwaldsen rivaliser pour faire vivre sa pensée dans ses traits; de grandes processions de savants, d'artistes et d'industriels accourir de toutes les parties de l'Europe, quand on inaugure ses images : non, ce n'est pas ce Gutenberg radieux que je vous prie de célébrer. Laissons ce culte facile aux ennemis les plus aveugles et les plus acharnés de la perfectibilité et du progrès, qui ne peuvent eux-mêmes s'empêcher de s'incliner devant cette figure triomphante! Mon Gutenberg à moi, dont je veux faire le vôtre, c'est le Gutenberg pauvre, persécuté, écrasé pendant vingt ans par ce qui fait la loi au travail et au génie, l'inégalité prodigieuse entre les fruits de l'industrie créatrice et ceux de l'industrie rapace, qui est dans la ruche de l'Humanité ce que le bourdon est chez les abeilles; c'est le Gutenberg poursuivi par ceux qui, spéculant sur sa découverte, lui avaient prêté quelque argent, et le faisaient condamner par autorité de justice, puis envoyaient des huissiers saisir, alors qu'il était à peine né, ce Verbe nouveau de l'Humanité qui devait s'appeler l'Imprimerie; le Gutenberg de Strasbourg, enfin, forcé d'aller se cacher à Mayence pour se soustraire, lui et sa fille sortie de son cerveau, à la

prise des usuriers et du capital ! Vous savez en effet, Citoyens, que presque le seul
monument qui nous reste sur le berceau de la découverte qui a affranchi l'esprit
humain et donné de nouvelles ailes à la pensée, est un procès-verbal de saisie des
outils de Gutenberg.

Que ceux qui ne voient que le fait et jamais l'idéal, le présent et jamais l'avenir,
me disent combien valait cette découverte déjà faite dans la tête de cet homme de
génie, déjà même réalisée par ses mains. Ne valait-elle pas beaucoup d'argent et de
trésors ? Je parle ici au point de vue des économistes de la doctrine du capital. Pourquoi donc le capital, loin de servir dans ce cas remarquable, la retarda-t-il pendant tant d'années ? Pourquoi le penseur ne trouvait-il pas dans la matière ce
qui lui était nécessaire, et ce que les bourdons, pour reprendre ma comparaison,
possédaient en si grande abondance ? Quoi ! pas un peu de miel pour nourrir la
reine des abeilles qui vient de naître, l'Imprimerie, cette vierge descendue du ciel :
les bourdons ont tout accaparé et tout dévoré. Voilà encore cette fois, comme à la
naissance du Messie prophétisé chez les Juifs, le fait qui prétend tuer l'idéal, le présent qui veut empêcher l'avenir de naître ! Qu'on m'explique comment Gutenberg,
qui allait enrichir à jamais l'Humanité, se trouvait légitimement la proie de la misère, et contraint de fuir en brisant lui-même les premières planches de caractères
mobiles qui aient été formées, ne laissant aux recors acharnés après lui que ce que
nous appelons en termes d'imprimerie un immense *pâté*, que les huissiers du capital purent bien inventorier, mais dont ils ne comprirent pas la valeur.

Ah ! vous me direz que tel est le sort de la vertu. Gutenberg a été grand en raison même des obstacles qu'il a eus à vaincre. Je le sais, et voilà pourquoi je l'honore.
Mais dois-je honorer l'ennemi de l'esprit humain qui persécutait Gutenberg ? Le
mal doit-il éternellement subsister, et les saints doivent-ils toujours souffrir ?

Ils souffrent, les saints, mais pour que le mal disparaisse. C'est pour que le mal
disparaisse que Socrate a bu la ciguë, que Jésus est mort sur la croix, et que Gutenberg a, pendant vingt ans, travaillé à sa découverte dans l'opprobre et dans la
misère !

A Gutenberg donc, le déshérité de la fortune !

A Gutenberg LE FAILLI !

Mais voilà qu'après lui une foule d'esprits généreux emploient sa découverte.
Quel usage en feront-ils ? Voulez-vous qu'ils fassent de cet art nouveau l'auxiliaire
de la tyrannie, le rempart de l'ignorance et l'appui du mensonge ? Cela est impossible ! la vérité appelle l'homme, l'homme est fait pour elle ; car il a été fait par elle.
La vérité est, au fond, la puissance même qui a créé l'homme et tout l'univers.
La loi de l'homme est d'adorer Dieu, comme dit Jésus, en esprit et en vérité. La
loi de l'homme est de se conformer de plus en plus aux conditions mêmes dans lesquelles et pour lesquelles il a été créé. Ces conditions sont l'unité de race, et par
conséquent la Liberté, l'Egalité et la Fraternité. Comment l'Imprimerie n'aurait-
elle pas servi à hâter la révélation de cette loi et à accélérer le triomphe de la Liberté,
de la Fraternité, de l'Egalité !

Quelle phalange d'intrépides novateurs je vois dans les annales de notre profession ! Ils se pressent en foule et se succèdent sans relâche, nouveaux croisés qui
marchent à la conquête de l'avenir. L'un tombe, un autre le remplace : *Uno avulso,
non deficit alter.* Dans les premières générations qui suivirent la découverte, je ne
nommerai, après Gutenberg, que les Estienne et Dolet, comme souvenir ou comme
type de l'Imprimerie, toujours émancipatrice et persécutée.

Que servit à Dolet d'être du sang des rois ? François Ier, le débauché, auquel il
devait, dit-on, la naissance, ne protégea guère ce fils qu'il avait eu de quelque pauvre femme, et l'*hérétique* Dolet périt sur un bûcher !

Que servit aux Estienne d'être les meilleurs imprimeurs et les plus savants hommes de leurs temps ? Ils étaient *novateurs* ! Persécution aux novateurs ! qu'ils meu-
rent sur un bûcher comme Dolet, ou sur un lit d'hôpital comme l'un des Estienne !

Ah ! on l'a dit souvent avec justesse et vérité, ce seizième siècle ressemblait au
nôtre ! Mais quoi ! ennemis du progrès, voudriez-vous donc que le monde fût resté
dans les ténèbres du moyen âge ? ne voyez-vous pas, après trois siècles, que tout
le bien dont vous jouissez vous vient de ces hardis novateurs qui, en émancipant
l'esprit humain, vous ont faits ce que vous êtes ?

Que disent-ils, nos ennemis, c'est-à-dire les ennemis de la perfectibilité et du progrès? Ils disent que l'idéal est une chimère, que nous ne l'atteindrons jamais; et ils en concluent qu'il faut adorer le fait et proscrire l'idéal. Nous ne l'atteindrons jamais, dites-vous? qu'en savez-vous, puisque nous le portons avec nous!

Nous le portons avec nous; car, pour employer les mots de l'Evangile, l'idéal est *en tout homme qui vient en ce monde.* Ennemis de l'idéal, ennemis du Verbe créateur, jusques à quand vous crucifierez-vous vous-mêmes en crucifiant la vérité?

Chers amis, chers Compagnons, la Typographie est dans le présent et sera dans l'avenir ce qu'elle a été dans le passé, novatrice, émancipatrice, parce que Dieu, qui a fait l'esprit humain dans et par la vérité, veut que l'homme atteigne à ses destinées.

Courage donc, Typographes; vous êtes d'une profession qui oblige; courage, enfants de Gutenberg! Rappelez-vous toujours que vos mains sont consacrées au plus noble des arts, trop souvent avili par le mensonge, l'intérêt et le crime; et lors même que le crime, l'intérêt et le mensonge abusent de cet art et de vos labeurs, conservez dans votre âme la noblesse de votre origine.

Un jour viendra où l'homme ne remuera les types qui servent à exprimer la pensée que parce que sa volonté et sa conscience seront d'accord avec ce que ces types exprimeront. Nous n'en sommes pas là! Notre art est un métier qui s'achète et qui se paie. Il y a plus : quand toutes les autres professions sont libres, la nôtre ne l'est pas. Singulier contraste que j'ai eu occasion de faire remarquer aux législateurs de l'Assemblée constituante.

Mais j'ai promis et je me suis promis à moi-même un toast tel que l'oreille la plus exercée à ces sortes d'investigations ne puisse me reprocher d'être matériellement sorti des bornes que la loi présente nous impose. Je m'arrête donc, me contentant de déposer dans vos esprits ce vœu de la *liberté de l'Imprimerie,* sans laquelle la liberté de la Presse est une sorte de rêve et d'utopie. Toutes les libertés sont solidaires; et plût à Dieu que ceux qui ont eu le pouvoir après Février eussent décrété l'abolition des brevets et la liberté de l'imprimerie! Il n'y aurait pas aujourd'hui de loi qui nous empêchât de parler politique.

Mais laissons l'imprévoyance de ceux qui ont eu ou qui semblent avoir eu le sort de la patrie dans leurs mains. Ce ne sont pas des hommes, c'est l'avancement de l'esprit humain qui fait véritablement la destinée des nations. Il serait trop triste de finir ce discours et de nous séparer sur un regret, et surtout sur un regret qui se rapporterait à des individus, quand l'avenir, qui dépend de nous, de notre volonté, de notre moralité, de notre courage, est devant nous. Amis, notre cause est immortelle, et son triomphe est assuré.

Donc encore un dernier mot, un dernier vœu : A notre banquet de l'année prochaine, à l'espérance de nous revoir assis à la même table, et plus confiants que jamais dans la victoire du génie du bien sur le génie du mal, de la lumière sur les ténèbres, de la vérité sur le mensonge, d'Ormuzd sur Ahrimane, de la vie sur la mort!

A VOUS DONC, ET A LA TYPOGRAPHIE PAR VOUS ET POUR L'HUMANITÉ.

Le citoyen CABON, membre du Comité typographique :

A l'Union fraternelle des Enfants de Gutenberg de tous les pays!

A NOS FRÈRES DE BELGIQUE!

Puisse ce vœu arriver aux cœurs de nos frères de Bruxelles, comme une expression de notre regret de ne pas les voir à cette fête, ainsi que la Typographie parisienne en avait conçu l'espoir!

Bruxelles, le 14 septembre 1849.

AU COMITÉ TYPOGRAPHIQUE DE PARIS.

CITOYENS,

Cette fois encore, malheureusement, votre fraternelle et gracieuse invitation nous est parvenue trop tard pour que nous pussions nous rendre à Paris en temps utile. Bien que datée du 9 courant, votre lettre portait le timbre du 12 de la poste de votre capitale, et nous ne l'avons reçue que le 13, bien avant dans la journée.

Mais il n'importe, Citoyens ; nous n'en sommes pas moins reconnaissants de votre offre toute cordiale, car elle nous donne de nouveau l'assurance que nous pouvons toujours compter sur les sympathies des Typographes de Paris et ne fait qu'ajouter aux relations bienveillantes qui nous unissent déjà. Si nous avons un regret, c'est celui de ne pouvoir, par une fraternelle étreinte, vous prouver que nous sommes frères par le cœur et par la pensée.

Sentinelle avancée du grogrès, nous avons toujours été fiers de marcher sur les traces de la Typographie parisienne ; de participer à ses aspirations fraternelles vers un avenir meilleur ! Chacun de ses triomphes trouvait chez nous d'unanimes applaudissements, comme chacun de ses revers, dans ses mauvais jours, trouvait aussi un triste retentissement dans nos cœurs.

Frères ! nous nous sentons délicieusement émus à l'approche de ces fêtes de famille qui donnent le démenti le plus éclatant à ceux qui osent encore nier la marche ascendante et le pouvoir de la Fraternité, et osons dire que si l'union était perdue sur terre, on la retrouverait chez les enfants de la Typographie de tous les pays du monde !

En terminant, citoyens, nous vous prions d'assurer vos confrères de nos inaltérables sentiments amicals pour eux tous qui osent si franchement consacrer leur existence à l'émancipation et au bien-être des classes laborieuses. Et nous croyons être ici l'expression du Corps Typographique de la Belgique tout entière. S'il nous était permis de formuler un vœu que nous vous prions d'exprimer à votre honorable Banquet en forme de toast, nous vous dirions :

PUISSE CE JOUR ÊTRE L'AURORE DE L'UNION FRATERNELLE ET CONSTANTE DE TOUS LES TYPOGRAPHES DE FRANCE ET DE BELGIQUE.

Salut et Fraternité.

Pour l'Association Typographique bruxelloise,

J. DAUBY,
administrateur de l'Association.

Le citoyen J. MAIRET, président de la Commission du Banquet :

Citoyens, l'hymne à la Liberté que vous allez entendre fut composé par notre confrère Testa, à une époque malheureusement loin de nous déjà, où son âme poétique crut enfin pouvoir chanter l'avénement de la liberté si longtemps rêvée par nous tous.

Dans la situation où nous sommes tombés aujourd'hui, ce chant de notre ami, composé pour le précédent Banquet, ne paraîtra peut-être plus de circonstance ; en l'accueillant, votre Commission a voulu rendre hommage à la mémoire de notre excellent confrère Testa, emporté, jeune encore, par l'épidémie qui a sévi sur nous avec tant de rigueur.

Citoyens, nous sommes assurés de vos sympathies, et notre camarade Hernoud voudra bien recevoir à l'avance les sincères remercîments de la Commission pour avoir bien voulu se charger de l'exécution du chant de notre ami.

Le citoyen HERNOUD, Typographe, chante les couplets suivants :

LA LIBERTÉ.

Paroles du citoyen Testa ; musique du citoyen Gruber (1).

Phare brillant de gloire et d'allégresse,
Astre immortel qu'on nomme Liberté,
Soleil si cher aux enfants de Lutèce,
Brille à jamais sur leur fraternité !
Ne taris point les flammes héroïques
Du feu si pur d'où naissent tes rayons.
Guide à jamais les heures prophétiques
Des jours meilleurs que déjà nous voyons.
 La victoire a rouvert ses ailes,
 A nous bonheur et liberté,
 A nous les palmes éternelles
 De l'immortalité !

Peuples lointains, qui souffrez, nobles frères,
Unissez-vous, égalez nos travaux ;
Le doigt divin enseigne aux prolétaires
Les lois du cœur qui triomphent des maux ;
Unissons-nous, et bientôt sous l'échoppe
Le peuple entier pourra croire au bonheur ;
L'amour de tous gouvernera l'Europe :
Plus on est fort, moins on craint le malheur.
 La victoire, etc.

Mânes chéris !... ô défuntes phalanges !
Héros d'un siècle (en un jour accompli !)
A vous nos pleurs, nos sincères louanges
Et nos regrets, qui dompteront l'oubli.
Hélas ! penchés sur vos tombes sanglantes,
Nous chanterons en chœur à l'Eternel,
Et contemplant les étoiles brillantes,
Nous vous verrons scintiller dans le ciel !
 La victoire, etc.

Le citoyen BOSSON, Typographe :

A la Solidarité de tous les Typographes !

FRÈRES ,

Pour la septième fois nous nous trouvons en famille : c'est le moment de faire sa confession.

Mettons la main sur notre conscience, et demandons-nous si nous avons tous rempli rigoureusement notre devoir...

Il est douloureux de l'avouer ; non, nous n'avons pas tous fait ce que nous devions,

(1) Voir la musique de ce chant à la fin du Compte-Rendu.

LA LIBERTÉ.

Paroles de Mr A. **TESTA.**   Musique de Mr ÉMILE **GRUBER.**

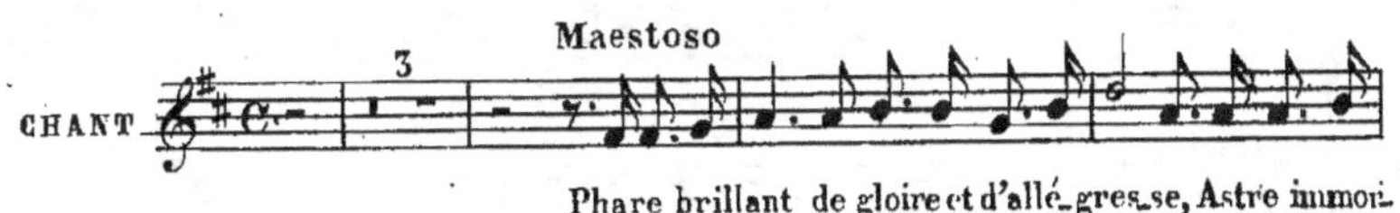

CHOEUR.
1ere
fff
ff animé.
_leurs que déjà nous voy_ons. La vic_toi_ re a rouvert ses ai _ les, A
2e
La vic_ toi_ re a rouvert ses ai _ les, A
3e
La vic_toi _ re a rouvert ses ai _ les, A
4e
La vic_toi _ re a rouvert ses ai _ les, A
5e
La vic_toi _ re a rouvert ses ai _ les, A
Basses.
La vic_toi _ re a rouvert ses ai _ les, A

nous bonheur et li_ber _ té, A nous les palmes é_ter_
nous bonheur et li _ berté, A nous les palmes é_ter_
nous bonheur et li _ berté, A nous les palmes é _ter_
nous bonheur et li _ berté, A nous les palmes é _ter_
nous bonheur et li _ berté, A nous les palmes é _ter_
nous bonheur et li _ berté, A nous les palmes é_ter_

2ᵉ Couplet.

Peuples lointains, qui souffrez, nobles frères,
Unissez-vous, égalez nos travaux;
Le doigt divin enseigne aux prolétaires
Les lois du cœur qui triomphent des maux;
Unissons-nous, et bientôt sous l'échoppe
Le peuple entier pourra croire au bonheur;
L'amour de tous gouvernera l'Europe:
Plus on est fort, moins on craint le malheur.

    La victoire, etc.

3ᵉ Couplet.

Mânes chéris!... ô défuntes phalanges!
Héros d'un siècle (en un jour accompli!)
A vous nos pleurs, nos sincères louanges
Et nos regrets, qui dompteront l'oubli.
Hélas! penchés sur vos tombes sanglantes,
Nous chanterons en chœur à l'éternel,
Et, contemplant les étoiles brillantes,
Nous vous verrons scintiller dans le ciel!...

    La victoire, etc.

et cependant chacun de nous a sa tâche à accomplir, depuis le possesseur de l'instrument de travail jusqu'au dernier des metteurs en œuvre.

Bizarrerie des temps! Sous la féodalité, le seigneur donnait l'exemple, par cette raison que *noblesse obligeait*. Aujourd'hui, ceux qui devraient servir de modèles sont justement ceux qui refusent leur concours, alors la charge retombe sur les plus petits, puisque leurs frères aînés les abandonnent.

Pourtant la logique impitoyable désapprouve cette conduite.

Au nom de la religion, cette façon d'interpréter son devoir est condamnée : enfants d'un même père, nous avons des droits égaux; mais les devoirs sont plus grands alors que l'on est plus élevé sur l'échelle sociale. Le fils aîné, remplaçant le père, doit tous ses biens à ses frères. Pourquoi cela n'a-t-il pas lieu?...

Il faut le dire : Tant que l'Humanité n'aura pas d'autre idéal que la religion de l'égoïsme, le mal dominera, car l'homme regardera l'homme comme ennemi.

La religion seule de la fraternité nous sauvera.

Aussi longtemps que la grande Famille Typographique aura un de ses membres souffrant du chômage ou privé de secours pendant la maladie; aussi longtemps qu'un Patron, ou un Chef d'atelier, ou un Travailleur refusera son concours à l'œuvre commune, non, la solidarité n'existera pas; non, cet homme ne sera pas entré dans la voie religieuse du XIXe siècle : quand je dis cet homme, je me trompe, je dois dire *loup*; car il est indigne de la qualité d'homme !...

On parle sans cesse de droits; mais de devoirs, rarement. Il faut qu'on le sache : tant que les devoirs ne seront pas accomplis, on réclamera en vain les droits. Le travail étant la loi de la vie, tout le monde doit faire la part qui lui est échue, et elle est d'autant plus grande que l'on est plus élevé par ses lumières, par son cœur et par sa position; alors les droits arriveront en abondance.

Pardonnez-moi, Frères; je le sens, j'ai de l'amertume; mais au milieu de tant de douleur, comment pourrais-je rester impassible?...

Si mon cœur a trouvé de l'écho dans les vôtres, portons ensemble ce toast :

A LA CONQUÊTE DE NOS DROITS PAR LE DEVOIR !

A la Solidarité de tous les Typographes, et à leur union avec tous les Travailleurs!

Le citoyen **LAMY**, à la demande de la Commission et de plusieurs convives, chante les couplets de *la Fraternité*, dont les paroles et la musique ont été insérées dans le Compte-Rendu du Banquet de 1847.

Des bravos répétés l'ont remercié de l'obligeance avec laquelle il a répété plusieurs couplets qui ont été redemandés.

Le citoyen SIMON, Typographe :

A l'Éducation politique et morale du Peuple !

A l'Education politique, sans laquelle nous ne saurions faire un usage rationnel de nos droits.

A l'Education morale surtout ; car, nous devons nous l'avouer, c'est dans nos propres vies que nos exploiteurs trouvent leurs plus puissants moyens d'oppression.

Oui, nos plus mortels ennemis, ceux que nous devons combattre sans relâche, sont l'égoïsme et l'intempérance... l'intempérance, compagne hideuse qui dégrade et le corps et l'âme ; l'égoïsme qui, dans son aveuglement, repousse la solidarité, l'ancre de salut des Travailleurs.

Mais, ne l'oublions pas, ces vices sont antipathiques à notre nature ; ces vices sont les tristes fruits d'une ignorance profonde.

Que ceux donc d'entre nous que la nature a plus avantageusement doués que les autres s'appliquent sans cesse à éclairer le cœur et l'esprit de leurs frères. . . . . .

Mais que ceux-là surtout qui, brillant par leurs talents, s'honorent de nos suffrages et revendiquent l'héritage des martyrs d'une grande époque, que ceux-là surtout, probes et dévoués au Peuple, comme leurs devanciers, inculquent aux masses la science qui féconde, la moralité qui régénère, et l'avenir nous appartient.

. . . .

Avec l'intelligence sans la vertu, avec la vertu sans l'intelligence, il n'est point de véritable liberté. Donc, citoyens,

A l'Éducation politique et morale du Peuple.

L'auteur n'assistant pas au banquet, ce toast n'a pu être lu.

Le citoyen LEVRAY, pour le citoyen **BOGUET :**

A l'Association !

CITOYENS,

Dans l'ère nouvelle où nous sommes entrés, un fait se produit, qui, pour n'en être pas encore bien étendu, n'en est pas moins naturellement la transformation complète de notre manière d'envisager les relations sociales : c'est l'association.

Dans ces réunions, les Travailleurs, mettant eux-mêmes en œuvre les instruments de travail qu'ils se sont procurés, se sont affranchis de la dernière forme de l'esclavage, le salariat ; ils ont mis le pied sur le *Nouveau Monde*, où il n'y a plus ni patronat ni prolétariat, mais où tous, ayant égalité de devoirs, ont conséquemment égalité de droits.

C'est le titre moderne d'associé qu'ils ont conquis ; *conquis* est le mot, car ce n'est qu'au prix de sacrifices de toutes sortes que les associations progressent et se propagent.

Remercions ces courageux Ouvriers qui nous ont frayé la route, et rendons hommage aux convictions qui leur ont donné la force de persévérer dans l'accomplissement de leur œuvre.

Cette idée est la véritable révolution ; révolution qui ne laisse après elle ni plaintes ni douleurs, et qui se fait bénir par ses féconds résultats.

Cette route peut paraître longue : elle est la plus droite, par conséquent la plus courte pour arriver à l'émancipation.

A l'Association !

Le citoyen BARBIER (Victor), typographe :

A nos Frères absents !

A vous, Frères absents, dont la place est déserte,
Mais dont le souvenir nous est présent toujours !
A vous tous, Compagnons, qui, dans l'arène ouverte,
Partagez avec nous le labeur de nos jours !

A vous, dont les efforts élargissent le cours
D'un fleuve dont la terre un jour sera couverte !
A vous, qui, des débris d'une matière inerte,
Faites jaillir l'idée en sublimes discours !

Frères, votre travail est un exemple immense
Du pouvoir fécondant qu'offre l'intelligence,
Et votre absence même en témoigne en ce lieu ;

Car, tandis que ma voix par un toast vous convie,
Pour un autre banquet gardant la part de Dieu,
A tout le genre humain vous préparez la vie !

Le citoyen J. MAIRET :

Citoyens, une proposition, sans doute inspirée par le chaleureux toast de notre ami Barbier, vient d'être remise au bureau. Elle est ainsi conçue :

« Citoyens,

« Je demande qu'en présence des souffrances et des misères profondes qu'éprouvent les familles des détenus politiques privées de leurs chefs, une collecte soit faite en leur faveur dans notre réunion fraternelle.

« V. Viguier. »

Citoyens, cette proposition toute d'humanité ne peut manquer d'être favorablement accueillie par vous ; mais nous vous prions en même temps de vouloir bien nous donner l'autorisation de distraire une partie de la souscription qui sera faite en faveur d'un citoyen espagnol, réfugié politique, sans ressource pour retourner dans son pays, où il désire jouir des bénéfices de l'amnistie accordée aux condamnés politiques.

En conséquence, et d'après votre assentiment, un membre de la Commission du Banquet voudra bien se placer à chaque entrée de la salle, pour recevoir votre offrande à l'issue de notre fête (1).

Le citoyen PARROT, Typographe :

A une juste Part dans la rétribution du Travail !

Ces paroles tombées des lèvres du premier fonctionnaire de la République, en présence des Représentants de l'industrie française, la Typographie ne cesse de les formuler dans ses fêtes annuelles depuis six ans. Depuis six ans, elle dit et cherche à faire comprendre à tous que leurs intérêts ne peuvent être opposés en suivant la règle de la Fraternité. Aussi appelle-t-elle Patrons et Ouvriers à un but commun : *l'union !* L'union ! et l'homicide concurrence, qui fait tant de victimes au sein des Travailleurs, disparaît à jamais !

(1) Cette collecte s'est élevée à la somme de 60 fr. 40 c. ; 25 fr. ont été donnés au citoyen espagnol, le restant de la somme sera versé à la Commission de répartition des secours aux détenus politiques.

Comme nous, Citoyens, vous connaissez les funestes effets de ce fléau de l'industrie ; comme nous, plus d'une fois, vous avez vu des ateliers, où jusqu'alors l'expansion joyeuse et active s'épanouissait à l'aise, tomber subitement dans le marasme, sous la hideuse pression d'un égoïsme effréné. A ce moment, l'activité humaine n'était plus que l'activité de la faim ! Alors de sourds et lugubres gémissements se faisaient entendre au milieu du travail ; puis enfin les malédictions se métamorphosaient en éclairs sinistres, et sur le drapeau du désespoir on voyait ces mots : VIVRE EN TRAVAILLANT OU MOURIR EN COMBATTANT ! Conséquences terribles, inévitables.... pages sanglantes et journalières de la monarchie , mais qu'une République démocratique ne peut ni ne doit inscrire dans ses annales sans forfaire à son origine !...

Aussi, lorsqu'il y a peu de jours, nous avons entendu dire à l'homme politique dont nous parlions tout-à-l'heure , *qu'il ne fallait pas oublier de faire une juste part dans la rétribution du travail*, nous nous sommes écriés : « Ah ! chers apôtres du *laisser-faire*, et vous, très-honorés chevaliers d'industrie, qu'allez-vous devenir ? Quoi ! l'idée de concurrence qui vous enivre, cette idée qui étouffe chez vous tout sentiment de pudeur et de loyauté, cette idée qui fait seule votre vie, succomberait elle sous la réprobation unanime ! Vos yeux ne pourraient donc plus se repaître de ruines et de larmes, de haillons et de visages flétris ! vous ne seriez donc plus en contact avec des esclaves affamés ; mais vous auriez à compter avec des hommes ! Non ! non ! c'est impossible... Insolents utopistes, viendriez-vous encore une fois pour troubler la douce quiétude de ceux qui sont forts, de ceux qui sont riche ? » Cependant oui, cela est vrai ; c'est notre conviction profonde : bientôt l'état du travailleur changera. Pauvres et riches, nous avons déjà le même trésor : *l'égalité politique !* Frères ouvriers, ayons bon espoir !

Au surplus, si le droit de vivre en travaillant nous était encore une fois contesté, remettons-nous en mémoire le haut enseignement de 1848. En janvier, le pouvoir d'alors traitait d'aveugles et d'ennemis les opposants à sa politique ; sans entrailles, il raillait, en disant à ceux qui avaient faim : *Enrichissez-vous;* et lorsqu'un vœu de suffrage universel s'aventurait au pied de la tribune, le premier ministre répondait avec dédain et fierté, un JAMAIS qui restera comme stigmate ineffaçable sur le front de cet orgueilleux rhéteur; car, un mois plus tard, l'ouvrier avait un poids dans la balance sociale, et la monarchie, usée par son égoïsme, expirait honteusement sans un seul défenseur !...

Pour nous, le passé est une garantie de l'avenir...

Répétons tous ensemble, avec l'illustre proscrit : «Jamais, non jamais, je ne me sentis le cœur plus rempli de courage, de confiance et d'espoir ! »

A une juste part dans la rétribution du Travail !

Après ce toast , il est successivement donné lecture des trois lettres suivantes :

AUX MEMBRES DE LA COMMISSION DU BANQUET TYPOGRAPHIQUE.

MES CHERS CONCITOYENS,

Ai-je besoin de vous dire avec quelle gratitude et quel empressement j'ai accepté votre fraternelle invitation ?

Moi aussi, j'espère bien vider un jour, avec vous, en portant la santé du Peuple affranchi et souverain, la bouteille de vin que vous avez, pour moi, mise en réserve.

En attendant, je suis heureux que ma voix, du fond de l'exil, arrive à vos cœurs, et que vous ayez sympathiquement accueilli le *Nouveau Monde*, qui, en me permet-

Conciergerie 16 septembre 1849.

Chers Citoyens,

Je vous remercie bien sincèrement de votre bon souvenir et de votre invitation fraternelle. Un jour, et bientôt j'espère, il me sera donné de répondre autrement que par une froide missive, aux marques de votre amitié. Conservez votre fidélité à la République; ayez foi aux principes plus qu'aux hommes : ce sera le plus puissant encouragement à ceux qui ont marché quelquefois à votre tête, et leur plus douce consolation dans leurs peines.

Vive la typographie parisienne!
Vive la République!

Votre dévoué confrère
J. Proudhon

Aux Typographes

Réunis en banquet anniversaire,
au Chalet, ... ville

tant de continuer la lutte sainte, me fournit, de toutes les consolations, celle qui m'est la plus chère (1).

Je vous serre la main cordialement à tous.

Londres, le 12 septembre 1849.

LOUIS BLANC.

MES CHERS CAMARADES,

J'ai reçu votre fraternelle invitation. Je vous remercie du bon souvenir que vous m'avez gardé.

Depuis notre séparation, les temps ont bien changé. Nos légitimes espérances de Février sont bien loin de nous.

Cette liberté de la Presse, tant désirée, est perdue avec toutes les libertés.

Les braves Hongrois et l'antique Romain sont vaincus.

La mort semble avoir succédé à la vie, l'esclavage à la liberté.

Mais la vie ne peut finir; la pensée, un moment vaincue, reprendra de nouveau son essor et planera sur le monde.

Lorsque la tyrannie a sévi, le silence se fait, la main s'arrête, mais l'idée, toujours active, travaille dans l'ombre, pénètre en silence sous l'humble chaumière du pauvre, comme dans la demeure du riche; elle rassemble ses forces, anime les âmes, puis tout-à-coup s'élève, gronde, éclate et terrasse ceux qui l'ont méconnue.

Mes amis, portez un toast à la Liberté de la Pensée, à la Liberté de la Presse : c'est elle qui affranchira le monde.

Adieu, recevez le témoignage de ma fraternelle amitié.

L. VASBENTER.

AMIS,

Me pardonnerez-vous de venir troubler votre fête pour vous causer d'affaires et de vous importuner, au milieu des joies d'un festin, par le souvenir de tristes réalités?

Les moments sont assez précieux pour qu'on ne renvoie pas au lendemain les choses sérieuses qu'on peut traiter le jour même. C'est la seule excuse que je puisse donner de mon indiscrétion.

Nous avions cru jusqu'à ce jour, amis, — sur la foi des habiles de toutes les académies, des plus honnêtes d'entre les honnêtes,— que la Presse était la plus sublime invention des temps modernes; qu'elle avait, à elle seule, plus puissamment aidé le progrès que toutes les autres découvertes ensemble. Aussi, grande fut notre joie, lorsque nous vîmes s'élever au faîte du pouvoir les publicistes, les philosophes, les académiciens, — ces officiers de fortune de la plume et de la presse. Nous allions sortir enfin de l'état précaire que nous avait fait la perversité des tyrans. Une ère de prospérité, inouïe dans nos annales, allait s'ouvrir pour nous. Le travail, l'ai-

---

(1) La dernière partie de la lettre du citoyen Louis Blanc répond à cette phrase contenue dans la lettre d'invitation qui lui a été adressée : « Aujourd'hui, plus heureux déjà « qu'à cette époque, nous jouissons chaque mois des bienfaits de votre parole ardente et « sympathique. Votre *Nouveau Monde* est venu relever ici bien des courages abattus, re- « donner de la force à bien des opinions qui fléchissaient.

« Puissiez-vous, plus heureux que l'immortel législateur hébreu, entrer avec nous dans « cette terre promise vers laquelle vous nous guidez avec tant de persévérance et de cou- « rage. C'est le vœu le plus cher de nous tous. »

sance, la gloire, viendraient indemniser les Ouvriers de l'Imprimerie de leurs longs chômages et effacer jusqu'au souvenir des jours maudits où la misère et la faim étaient notre seul partage.

Amère déception ! — Les académiciens, hélas ! nous ont avoué, depuis leur arrivée au pouvoir, qu'ils n'avaient exalté la Presse, comme la liberté, le désintéressement, l'abnégation, — que parce que c'était leur métier d'exalter quelque chose ; — qu'au fond, entre la théorie et la pratique, il y avait un abîme ; — que l'Imprimerie était réellement une invention abominable, incompatible avec l'ordre, capable de nous replonger dans la barbarie, digne de l'exécration des vrais honnêtes, vouée aux dieux infernaux de la modération, abandonnée aux fureurs des parfaits légionnaires !

Et nous avons vu cette fois qu'entre la nouvelle théorie et la pratique, il n'y avait d'autre abîme que celui creusé pour engloutir l'infâme.

Ayant perdu tout à la fois nos illusions et notre travail, qu'allons-nous devenir ? A qui nous adresser ?

Déjà nous avons exposé, dans la simplicité de notre cœur, aux honnêtes de la bonne honnêteté, à ceux qui veulent tout de bon le retour de la confiance et des affaires, le bilan de notre déplorable position ; et nous leur avons parlé à peu près en ces termes :

Trois mille Ouvriers, Typographes et Imprimeurs, à Paris, travaillant sans manquer de besogne, gagnent communément 4 francs par jour ; soit, à eux tous, 12,000 francs. Quand trois mille Imprimeurs travaillent, l'Imprimerie écoule des produits capables d'occuper cinq cents plieuses, quatre cents relieurs ; elle fait des commandes capables d'entretenir journellement cinq cents fondeurs, cent mécaniciens, deux mille papetiers, deux cents fabricants d'outils, d'ustensils, d'encre ; sans compter une foule d'employés dont l'énumération serait trop longue. En sorte que ce n'est pas exagérer que de porter à sept mille le nombre des ouvriers et ouvrières qui travaillent et consomment quand l'Imprimerie est florissante, et à 20,000 francs le chiffre quotidien de leurs salaires.

Nous pourrions grossir ce compte de toutes les industries qui approvisionnent nos auxiliaires, fondeurs, papetiers, mécaniciens, relieurs et autres. Mais, pour nous en tenir à nos premiers chiffres, savez-vous, ô bourgeois vraiment honnêtes de la bonne honnêteté, savez-vous combien 20,000 francs de salaire, dépensés journellement, font vivre d'épiciers, de boulangers, de bouchers, de négociants, de propriétaires, de gens enfin de votre acabit ? — Combien ensuite les marchands qui nous vendent font vivre d'industriels et d'ouvriers ? — 20,000 francs par jour ! 7,300,000 francs par an ! pour Paris seulement !

Vous voyez : si vous êtes tout de bon désireux de voir reprendre les affaires, vous devez vous joindre à nous contre les académiciens qui veulent ruiner notre industrie. Ne travaillant pas, nous ne vous achèterons pas, nous ne vous payerons pas de loyers. Bon gré, mal gré, nous sommes solidaires : chômage pour nous, c'est pour vous faillite.

Hélas ! ces bons honnêtes ne nous ont point compris. Ils nous ont repondu comme les académiciens, — car les académiciens sont leurs oracles : — « C'est la presse qui a causé tout le mal. »

Et, pour nous ôter l'envie d'insister, ils nous ont montré leurs baïonnettes de défenseurs de l'ordre.

Que devenir enfin ? — Irons-nous réclamer aux pasteurs des Peuples et demander à vivre des deniers de l'État ? — Ce serait justice, en vérité. Car nul, dit la loi, ne peut être exproprié pour cause d'utilité publique sans indemnité préalable. Et puisque notre travail, notre vie, ont été sacrifiés au salut commun, il serait équitable que la société nous vînt en aide.

Mais nous savons d'avance que les pasteurs des Peuples ont prononcé sur nous la sentence des princes des prêtres de Jérusalem :

« Il est bon qu'un petit nombre meure pour le salut de tous ! »

Tout bien considéré, je ne vois rien de plus sage que de nous arrêter au parti suivant :

Nous nous rendrons en corps auprès des académiciens et nous leur dirons :

Quoique vos discours d'aujourd'hui soient l'opposé de vos discours d'hier, vous n'en êtes pas moins nos prophètes, et nous croyons toujours en vous. Vous nous avez tellement épouvantés par le tableau des périls dont la Presse menace la société, que nous ne voulons plus nous rendre les complices de ses forfaits. Dès aujourd'hui, quoi qu'il nous en coûte, nous disons anathème à Gutenberg et à sa détestable invention. Les lois de compression sont impuissantes à dompter le monstre. Muselé ici, il aboie là. Il n'y a que l'extermination pour en finir. Les parfaits légionnaires, vos fidèles disciples, l'ont bien compris ainsi. Nous renonçons à composer et à imprimer quoi que ce soit. Seulement nous réclamons la faveur de vous servir de copistes ; car il vous faudra des scribes pour la propagation de vos bons livres, de vos petits traités de modération. La transcription des manuscrits suffira certainement à votre clientèle. Nous réclamons ce privilége, disons-nous, afin de n'être à charge à personne, et comme indemnité du sacrifice que nous faisons de notre travail et de nos affections sur l'autel de l'honnêteté.

Notre exemple, amis, sera suivi, n'en doutez pas. Avant peu, nous verrons supprimer les chemins de fer, qui portent aux départements les idées subversives et peuvent en ramener un jour des soldats pour l'émeute ; — la poudre, que se seraient bien gardés d'inventer nos académiciens modernes et qui fut si souvent fatale, depuis cinquante ans, aux vrais amis de l'ordre ; — les télégraphes, objet de convoitise des anarchistes au moment du branle-bas ; — les omnibus et les voitures, l'espoir des faiseurs de barricades ; — et une foule d'autres inventions qui, pour être moins dangereuses que l'Imprimerie, ne laissent pas que d'exposer la société à d'éternels bouleversements.

Et lorsque l'ordre se sera consolidé par l'élimination successive de tous les leviers d'anarchie, nous verrons enfin se lever l'âge d'or de l'humanité. Chacun, content de sa position, n'essaiera plus de sortir du cercle où la nature l'aura fait naître. Le propriétaire touchera religieusement ses loyers et fermages ; — le prêteur ses rentes, — le banquier ses intérêts ; — les gouvernants leurs émoluments ; — l'ouvrier, quand il travaillera, ses trente sous, les fameux trente sous qui, à ce qu'assure un fameux académicien, un honnête qui s'y connaît, sont pour le prolétaire un véritable Eldorado.

Et notre belle patrie deviendra le pays de Cocagne, de la vraie modération, de la vraie honnêteté, de la vraie égalité, de la vraie fraternité, de la vraie liberté.

Périsse donc l'Imprimerie pour le salut de la civilisation ! et Dieu bénisse les académiciens !

Georges Duchêne.

Le citoyen **HERNOUD**, à la demande de plusieurs convives, chante l'*Appel au Progrès*, si applaudi en 1844, lorsqu'il fut chanté la première fois par le citoyen Lamy, l'auteur de la musique.

Des applaudissements nombreux et mérités l'accueillent encore cette fois pour remercier le citoyen Hernoud de son obligeance.

Le citoyen GAUTIER (Eugène), Typographe :

Aux Typographes qui ont bien servi la République!

A CEUX QUI SOUFFRENT ENCORE POUR ELLE !

L'an passé, à pareille fête, un camarade, un ami que la Typographie est fière d'avoir vu dans ses rangs, Martin Bernard, enfin, exprima le désir de voir la noble profession à laquelle il appartient se maintenir tête de colonne de l'armée du progrès.

Sous l'aiguillonnante parole de l'ex-captif du Mont-Saint-Michel, la Typographie a fait tous ses efforts, a déployé tout le zèle et la force d'initiative qu'on pouvait espérer d'elle.

Aux élections d'avril, elle a donné le concours de son travail au Comité démocratique des élections.

A la même époque, le programme de la Montagne a été, par ses soins désintéressés, imprimé à quatre-vingt mille exemplaires pour être distribué aux soldats et aux paysans.

Enfin, de tous les points de la France, l'obole du typographe est venue au secours de la presse démocratique ruinée et écrasée par les amendes et les cautionnements.

Frères, buvons à PROUDHON ! le Typographe intègre, l'apôtre infatigable des idées que Février a semés dans le monde, l'énergique porte-drapeau de la République du progrès !

A MARTIN BERNARD ! qui combattait vaillamment pour la Démocratie alors que beaucoup d'entre nous bégayaient à peine : RÉPUBLIQUE !... Et maintenant, nous l'aimons tous, avec une foi profonde cette République pour laquelle il souffrit, nous l'aimons comme une sœur chérie et malheureuse... Ah ! camarades, que trois salves d'applaudissements adoucissent au moins l'exil de Martin Bernard !

A DOUTRE, à PELLETIER, à AUGUSTE MIE, à PIERRE et JULES LEROUX ! dont les travaux, le courage et la persévérance honorent la Typographie et leurs électeurs !

A GEORGES DUCHÊNE ! cet esprit si incisif et si convaincu, que nous applaudissions si chaleureusement à notre dernier Banquet. N'est-ce pas que je puis dire que nos ardentes sympathies ne l'ont pas abandonné ?

A LOUIS VASBENTER ! dont le dévouement à la Typographie ne date pas d'hier, et qui, comme son ami Duchêne, compte à Sainte-Pélagie des jours pleins d'amertume, mais auquel il sera permis bientôt de serrer la main librement à ses nombreux amis !

AUX MEMBRES SI COURAGEUX ET SI DÉVOUÉS DU COMITÉ ÉLECTORAL TYPOGRAPHIQUE !

A CEUX DE NOS FRÈRES QUI GÉMISSENT SUR LES PONTONS !

A la République démocratique !

Le citoyen FIÉVET, Typographe :

Aux Martyrs de la Fraternité.

Le cœur se couvre d'un crêpe et le blasphème vient sur les lèvres à la pensée que, pendant dix-huit siècles de prêches publics, le christianisme, cette sainte doctrine de la fraternité, fut jusqu'ici impuissant à extirper de l'humanité la servitude homicide qui, sous ses formes multiples, ne cesse d'étreindre les générations plébéiennes.

Il y aura bientôt deux mille ans que le grand prophète est venu dire aux hommes : « Aidez-vous les uns les autres, car votre salut est à ce prix sur la terre. » Et nous voyons encore l'homme être une chose d'exploitation ! Nous voyons encore la vie de nos frères n'être qu'une cruelle et incessante lutte contre la misère et son lugubre cortége !... Des mères peuvent encore voir leur enfant presser en vain leurs mamelles desséchées par la faim, puis périr sur leur sein devenu impuissant à le nourrir !... Oh ! sous quelle infernale puissance l'humanité est-elle ainsi retenue ?... Contradiction satanique ! on se joue de la doctrine chrétienne et on fit de son auteur un homme-Dieu !...

Frères, ce serait désespérer de l'humanité si nous ne pouvions connaître, afin de la détruire à jamais, la cause de cette fatale déception des siècles, qui met toujours le vice là où doit être la vertu, le mal public là où doit être le bien-être commun. Un regard rétrospectif nous suffit. Rappelons-nous ce qu'étaient les vrais apôtres du Christ, et voyons ce que sont maintenant les hommes qui se donnent officiellement pour leurs successeurs. Le rustique bâton de voyage des premiers ne s'est-il pas changé dans les mains des seconds en une lourde crosse d'or!

Le Christ a dit : « Il s'élèvera de faux christs et de faux prophètes qui tromperont le monde. » Oh! cette ère d'infortune ainsi prophétisée aurait été abrégée, si les peuples jusqu'ici n'avaient pas eu la fatale insouciance de négliger ce précepte salutaire du grand réformateur social : « Gardez-vous des scribes qui affectent de se promener en longues robes, qui aiment à être salués dans les lieux publics, à occuper les premières chaires dans les synagogues et les premières places, et qui, sous prétexte de leurs longues prières, *dévorent les maisons des veuves.* »

Rien n'est changé depuis le Christ, car la vérité est toujours un crime devant les hommes qui ne peuvent vivre que de mensonges. Et si l'ouvrier de Nazareth, attaché au pilori de l'opprobre entre deux voleurs, paya de la vie son audace réformatrice, ses vrais disciples n'ont jamais, eux aussi, cessé d'être traqués par les puissants de la terre. Mais que peut la violence contre l'idée chrétienne !

Les bourreaux, las de frapper en vain, se firent tout à coup protecteurs. Ah ! c'est que Satan leur avait soufflé une de ces pensées qui ne sortent que de l'enfer. Ils jetèrent loin d'eux la hache sanguinaire et impuissante, ils se couvrirent du cilice, et volèrent aux vrais chrétiens leur symbole, dont ils firent des armes perfides contre lesquelles venaient périr la fraternité et la vertu humaine. Les infâmes ! ils tuaient l'esprit chrétien par la forme sous laquelle il se manifeste à l'humanité !

Si l'enfer, si le mal régna longtemps, notre siècle l'a enfin vaincu ; et c'est lui qui, parmi les autres, est marqué pour terminer ce grand drame social commencé à l'assassinat judiciaire du Nazaréen. Des hommes au mâle courage des premiers apôtres s'élèvent chez les peuples ; sur leur front brille aussi la flamme puissante de la vérité, et ils vont parmi les nations renouveler l'anathème du Christ contre les oppresseurs des peuples : « Malheur, malheur à vous, docteurs de la loi, qui chargez les hommes de fardeaux qu'ils ne sauraient porter et que vous ne voudriez pas toucher du bout des doigts. »

C'est en vain que les scribes et les pharisiens de notre époque renouvellent l'odieuse tactique de leurs devanciers contre ces chrétiens régénérés ; c'est en vain qu'ils les accusent aussi devant le païen, ce pauvre campagnard, ce pauvre retardataire dont l'ignorance crédule a toujours fait la dupe des calomnies ; c'est en vain qu'ils les accusent de vouloir, comme on le disait des premiers chrétiens de la société humaine, faire une orgie sanglante dans laquelle ils tueraient la propriété et la famille... Infernales ruses, qui puent le carnage et demandent toujours à la cause de l'humanité le sang de nouvelles victimes! Le gouffre se tient encore béant ; il dévorera bien des martyrs ; mais la grande âme du Christ plane toujours dans le ciel : elle soutient ces nouveaux apôtres de l'humanité du feu de la fraternité, et à l'instant même ils entendent sa voix leur répéter, comme aux premiers martyrs : « Ne craignez point ceux qui tuent le corps, et qui, après cela, n'ont rien à faire de plus. »

Honneur donc, honneur aux nouveaux martyrs de la foi chrétienne !

Le citoyen LEROY (Édouard), Typographe :

A la Fraternité !

La Fraternité, en élevant l'âme aux grandes et belles aspirations, rend l'homme meilleur ; mais si ce sentiment est compris des hommes de dévouement, si de nobles cœurs l'ont exalté, il est resté une chimère pour les castes privilégiées, un songe creux pour l'homme qui ne pense qu'à lui. L'homme qui ne songe qu'à son intérêt personnel ne saurait même l'apercevoir dans l'avenir ; car la Fraternité, Citoyens, est à l'égoïste ce que la lumière est au hibou : il ne peut en soutenir l'éclat ; ses yeux louches et fauves en sont blessés.

La Fraternité a déposé un germe fécond au cœur de l'homme, et si ce germe se développe avec tant de peine, s'il produit si peu de fruits, c'est que de mauvaises passions, semblables aux herbes parasites d'un champ mal cultivé, envahissent le terrain que notre indifférence, notre paresse, leur abandonnent.

Cultivons donc, Citoyens, cultivons ce germe si saint, dégageons-le de toutes substances étrangères et malfaisantes ; imprégnons nos cœurs du sentiment sacré de la Fraternité, et quand son flambeau régénérateur brillera dans toute sa pureté, l'individualisme, l'amour du soi, l'exploitation, toutes les misères enfin, renversés de leur piédestal, iront cacher leur honte et leur infamie sous les décombres du vieux monde croulant sur sa base.

A la Fraternité! A son prochain Avénement!

Le citoyen SMIT, Typographe :

Aux Progrès des Associations ouvrières!

A LEUR DÉVELOPPEMENT! A LEUR AVENIR!

Un des premiers principes qu'a proclamés la Révolution de Février, et qui doivent présider à l'organisation d'un nouvel ordre social plus en harmonie avec les besoins de l'homme, est le principe de l'émancipation du Travailleur par le travail, et par ces mots j'entends la destruction de ce principe erroné de la vieille société qui livre aux mains du capital le monopole de l'exploitation du travail, qui fait en un mot du prolétaire l'homme lige, la chose du capitaliste.

Et comment arriver à ce but, comment accomplir cette transformation sociale ? La route la plus sûre, la plus directe, est j'en suis convaincu, l'association.

Par l'association, le travailleur s'arrache à la tyrannie du maître et redevient lui ; par l'association il s'empare du travail et le monopolise au profit de tous ; par l'association, en un mot, il se fait libre et consacre son droit de propriété !

Beaucoup d'associations se sont déjà formées, et malgré les luttes qu'elles ont eues à soutenir et contre l'habitude, et contre les vieux préjugés, et contre les difficultés multipliées que semaient à chaque instant sous leurs pas l'inexpérience des affaires, l'égoïsme railleur du capitaliste, elles existent, elles sont debout et elles grandiront.

Puissent les Travailleurs comprendre que dans le principe d'association réside leur salut.

Qu'ils ne se laissent pas rebuter par des obstacles qui, après tout ne peuvent effrayer que les hommes à conception étroite, les hommes serviles et les natures égoïstes.

Qu'ils multiplient les associations, qu'ils propagent le principe par les actes ; et lorsque la masse s'en sera bien pénétrée, lorsqu'elle comprendra que là seul est son avenir, lorsque le lien solidaire qui unit chaque membre d'une association unira chaque association entre elles, oh ! alors ce jour-là la *liberté*, l'*égalité*, la *fraternité*, ne seront plus de vains mots inscrits au frontispice de nos monuments et la Révolution au profit de tous sera accomplie.

Aux progrès des Associations ouvrières! à leur développement!

A leur avenir!

L'heure avancée n'ayant pas permis la lecture des quatre toasts précédents, le citoyen Gerdès exprime, dans une chaleureuse improvisation, le vœu que, l'année prochaine, toute la Typographie se presse à notre fête de famille, et termine par le cri de

VIVE LA RÉPUBLIQUE !

qui est unanimement répété par trois fois avec le plus grand enthousiasme.

Le citoyen Cornillon-Savary, au nom du Comité, propose à l'Assemblée de voter des remercîments au citoyen Gerdès, pour le dévouement avec lequel il a toujours accepté la mission de présider nos réunions. Ces remercîments sont votés avec acclamation.

Rien ne sert mieux la cause de la Liberté, de l'Egalité, de la Fraternité, que ces réunions sympathiques, où les convives, animés d'un sentiment commun, ne forment des vœux que pour le règne de la justice et de la vérité ; le cœur s'y émeut délicieusement soit en applaudissant aux généreuses aspirations des orateurs, soit en rendant hommage à ces hardis *novateurs* dont le talent ou le dévouement ont guidé l'humanité sur la route du progrès. Ils tombent quelquefois sous le poids du fardeau dont ils sont chargés, ou écrasés sous l'indifférence de leur époque qui les méconnaît. Qu'importe? ils n'obstruent pas le chemin : ils servent de jalons, et l'humanité, dans sa marche, les relève pour les signaler à la reconnaissance et à l'admiration des âges futurs.

La Typographie, nous sommes fiers de le dire, a fourni son contingent de ces hommes de génie et de dévouement. En leur rendant un solennel hommage dans ses réunions, elle ne fait qu'accomplir un devoir.

Telle a été la journée du 16 septembre 1849.

Cette journée, si heureusement commencée, fut joyeusement terminée.

Les convives, usant du droit que leur donnait leur billet de Banquet, revinrent presque tous au bal de l'établissement du Chalet, accompagnés de leur famille, de sorte que le bal fut le second acte de la Fête typographique.

Espérons qu'un jour, — à l'exemple de nos confrères de Bruxelles, — la Typographie parisienne, plus favorisée sous le rapport du travail, non contente de s'asseoir à un Banquet fraternel, donnera réellement une *Fête de famille,* où nous pourrons voir nos mères, nos femmes et nos enfants.

Quoique moins nombreux cette année que l'année dernière, notre Banquet a été digne de ceux qui l'ont précédé par l'enthousiasme et l'union fraternelle qui n'ont cessé d'y régner et qui en ont fait le plus bel ornement. Tous les convives qui avaient hésité à y assister à cause des conditions qui nous avaient été imposées, en ont emporté un bon souvenir, qui, communiqué dans l'atelier, a excité le regret parmi nos confrères qui se sont abstenus d'y venir.

La Commission organisatrice, heureuse des félicitations qu'elle a reçues, ne peut mieux exprimer ses sentiments, en terminant ce Compte-Rendu, qu'en répétant cette dernière invocation du toast de notre confrère et ami Pierre Leroux :

A NOTRE BANQUET DE L'ANNÉE PROCHAINE !

A l'Espérance de nous revoir assis

à la même table, plus confiants que jamais dans la victoire du génie du bien sur le génie du mal.

DE LA LUMIÈRE SUR LES TÉNÈBRES,

DE LA VÉRITÉ SUR LE MENSONGE,

D'ORMUZD SUR AHRIMANE

DE LA VIE SUR LA MORT.

Les membres de la Commission du Banquet,

BLANCHARD (Auguste) ; BOSSON (P.-V.) ;
DOMINGO (Martin) ;
FIÉVET (Auguste) ;
LEGROS (Amable) ; LEROY (Edouard) ;
MAIRET (Joseph) ; MAUGRENIER (Jules) ;
RIBES (Gabriel) ;
SCHMIDT (Robert).

Paris. — Imprimerie GERDÈS, 10, rue Saint-Germain-des-Prés.